AF619711

ABÉCÉDAIRE
DES
ANIMAUX.

industrieuse. Vous volez d'une aîle lég
de fleurette en fleurette pour en fr
quelque profit; mais moi, c'est en
fixant avec assiduité sur les charman
productions de Flore, que j'en recue
la divine essence dont je compose le p
cieux nectar que vous admirez. »

Vous savez, jeune Iris, que l'utile lecture,
De l'esprit et du cœur embrassant la culture,
A former l'un et l'autre excelle également :
De l'âme et du génie elle est la nourriture;
Elle est mère du goût et du discernement;
Et des vices de la nature
Elle purge nos cœurs et notre entendement;
Mais un si grand remède opère lentement.
Vous faites du plaisir de lire
Votre plus doux amusement;
Mais pour en profiter, oserais-je le dire,
Vous lisez trop rapidement.

La Tulipe et la Violette.

Une tulipe énorgueillie de sa super
tige, insultait hautement, en ces term
à une violette cachée sous l'herbe : « P
tite vilaine moricaude, que fais-tu do
sur la terre dont je suis le principal orn
ment? Ah ! contente-toi de ramper da

ABÉCÉDAIRE

DE

L'HISTOIRE NATURELLE

DES

ANIMAUX.

PARIS.

THIÉRIOT, LIBRAIRE,

RUE PAVÉE-SAINT-ANDRÉ-DES-ARCS, N° 13.

—

1834.

Imprimerie de J. GRATIOT, rue du Foin Saint-Jacques, Maison de la Reine Blanche.

A B C

D E F

G H I

J K L

M N O

P Q R

S T U

V X Y

Z Æ Œ

W

A B C D

E F G H

I J K L

M N O P

Q R S T

U V X Y

Z Æ Œ W

a b c d

e f g h

i	*j*	*k*	*l*
m	*n*	*o*	*p*
q	*r*	*s*	*t*
u	*v*	*x*	*y*
z	*æ*	*œ*	*fi*
ffi	*fl*	*ffl*	*ff*
	w		

APHABET QUADRUPLE,

Ou Lettres majuscules et minuscules, courantes, italiques et manuscrites.

A a B b C c D d E e

A a B b C c D d E e e

F f G g H h I i J j

F f G g H h I i J j

K k L l M m N n O o

K k L l l M m N n O o

P p Q q R r S s T t

P p Q q R r r S s s T t t

U u V v X x Y y Z z

U u V v X x Y y Z z

Voyelles.

a e i *ou* y o u

Syllabes.

ba	**be**	**bi**	**bo**	**bu**
ca	**ce**	**ci**	**co**	**cu**
da	**de**	**di**	**do**	**du**
fa	**fe**	**fi**	**fo**	**fu**
ga	**ge**	**gi**	**go**	**gu**
ha	**he**	**hi**	**ho**	**hu**
ja	**je**	**ji**	**jo**	**ju**
ka	**ke**	**ki**	**ko**	**ku**
la	**le**	**li**	**lo**	**lu**
ma	**me**	**mi**	**mo**	**mu**

na	**ne**	**ni**	**no**	**nu**
pa	**pe**	**pi**	**po**	**pu**
qua	**que**	**qui**	**quo**	**qu**
ra	**re**	**ri**	**ro**	**ru**
sa	**se**	**si**	**so**	**su**
ta	**te**	**ti**	**to**	**tu**
va	**ve**	**vi**	**vo**	**vu**
xa	**xe**	**xi**	**xo**	**xu**
za	**ze**	**zi**	**zo**	**zu**

ab	eb	ib	ob	ub
ac	ec	ic	oc	uc
ad	ed	id	od	ud
af	ef	if	of	uf

ag	eg	ig	og	ug
ah	eh	ih	oh	uh
ak	ek	ik	ok	uk
al	el	il	ol	ul
am	em	im	om	um
an	en	in	on	un
ap	ep	ip	op	up
aq	eq	iq	oq	uq
ar	er	ir	or	ur
as	es	is	os	us
at	et	it	ot	ut
av	ev	iv	ov	uv
ax	ex	ix	ox	ux
az	ez	iz	oz	uz
bla	ble	bli	blo	blu
bra	bre	bri	bro	bru

cha	che	chi	cho	chu
cla	cle	cli	clo	clu
cra	cre	cri	cro	cru
dra	dre	dri	dro	dru
gla	gle	gli	glo	glu
gna	gne	gni	gno	gnu
gra	gre	gri	gro	gru
pha	phe	phi	pho	phu
pla	ple	pli	plo	plu
pra	pre	pri	pro	pru
tla	tle	tli	tlo	tlu
tra	tre	tri	tro	tru

Lettres accentuées.

é	(aigu)
à è ù	(graves)
â ê î ô û	(circonflèxes)
ë ï ü	(tréma)
ç	(cédille)

PONCTUATION.

Apostrophe (') l'orage
Trait d'union (-) Porte-feuille
Guillemet («)
Parenthèses ( )
Virgule (,)
Point et virgule (;)
Deux points (:)
Point (.)
Point d'interrogation (?)
Point d'exclamation (!)

A-mi.	Mâ-le.	Jou - jou.
A-ne.	Ma-ri.	Pou - pée.
Ar-me.	Mê-me.	Dra - gée.
Ca-ve.	Me-nu.	Bon - bon.
Cu-ré.	Mè-re.	Bam - bin.
Da-me.	Mi-di.	Pom - me.
Da-te.	Mo-de.	Cou-teau.
Dé-jà.	Or-me.	Cha-peau.
De-mi.	Pa-pa.	Bal-lon.

Di-re.	Pa-ri.	Chai-se.
Du-pe.	Pa-vé.	Cou-sin.
Fê-te.	Pè-re.	Cor-don.
Fè-ve.	Ma-man.	Cor-beau.
Fi-le.	Vo-lant.	Cha-meau.
Ga-ze.	Rai-sin.	Tau-reau.
Jo-li.	Jar-din.	Oi-seau.
Ju-pe.	Se-rin.	Ton-neau.
La-me.	Voi-sin.	Mou-ton.
Li-me.	Poi-re.	Ver-tu.
Li-re.	Bon-net.	Le-çon.
Lu-ne.	Bé-guin.	Maî-tre.
Mi-ne.	Gâ-teau	Na-non.

A-bat-tu.	Lai-tiè-re.
A-do-ré.	Li-ber-té.
A-bo-lir.	Li-ma-çon.
Ar-ca-de.	Ma-da-me.
A-va-re.	Mé-ri-te.
Ba-bil-lard.	Na-vi-re.
Ba-di-ner.	Nu-di-té.
Bo-bi-ne.	Né-ga-tif.
Ca-ba-ne.	Ob-te-nir.
Ca-ba-ret.	Par-ve-nir.

Ca-na-pé.
Cap-tu-rer.
Cou-tu-me.
Da-moi-seau.
Dé-chi-rer.
Dé-fi-lé.
Do-mi-no.
E-tren-nes.
E-co-le.
E-tu-de.
Fé-ru-le.
Lé-gu-me.

Por-ta-tif.
Ré-vol-te.
Re-te-nir.
Sar-di-ne.
Si-mi-lor.
Sur-di-té.
Sur-ve-nir.
Tar-ti-ne.
Tu-mul-te.
Tor-tu-re.
Va-car-me.
Vir-gu-le.

Ab-sur-di-té.
Ca-rac-tè-re.
Car-me-li-te.
Car-ni-vo-re.
Con-clu-si-on.
Dé-pu-ra-tif.
Di-a-lo-gue.
E-car-la-te.
E-ga-le-ment.
Eu-cha-ris-tie.
For-ma-li-té.

O-pi-ni-on.
Ou-ra-gan.
Par-ti-cu-le.
Pe-lo-ton.
Pa-ti-en-ce.
Par-don-na-ble.
Phi-lo-so-phe.
Po-ti-ron.
Pour-boi-re.
Ra-con-teur.
Ra-mo-neur.

Gar-ni-tu-re.	Ra-bâ-cheur.
Ha-bi-tu-de.	Sa-co-che.
Im-pos-tu-re.	Se-cou-ra-ble.
In-con-ti-nent.	Sou-cou-pe.
Ju-di-ci-eux.	Sou-ri-re.
Ju-ri-di-que.	Sou-ve-nir.
Ki-ri-el-le.	Souil-lu-re.
Lai-ti-è-re.	Te-nail-le.
Mar-me-la-de.	Vi-gne-ron.
Né-gli-gen-ce.	Vo-lail-le.
O-ri-gi-nal.	Vo-lon-té.

Ar-bre.	Cru-che.	Plu-me.
As-tre.	Cui-vre.	Pol-tron.
A-tre.	Drô-le.	Por-te.
A-vril.	E-crou.	Prê-cheur.
Bi-ble.	Fa-ble.	Prê-tre.
Blâ-me.	Flû-te.	Sa-ble.
Blan-cheur.	Fran-chir.	Scri-be.
Bran-che.	Frè-re.	So-cle.
Bra-ve.	Gloi-re.	Spas-me.
Bri-de.	Gra-de.	Sta-ble.
Bro-che.	Gron-deur.	Su-cre.
Bro-cheur.	E-crire.	Ti-gre.

Bron-ze.	Jus-te.	Tra-me.
Bru-tal.	Lè-vre.	Tran-che.
Câ-ble.	Mar-bre.	Tra-pu.
Ca-dran.	Mor-dre.	Tri-cheur.
Cha-grin.	Nè-fle.	Tris-te.
Chan-vre.	Oc-troi.	Trou-ble.
Chè-vre.	Pas-teur.	Trou-pe.
Clo-che.	Plan-che.	Vas-te.
Crâ-ne.	Plan-teur.	Vi-tre.
Crê-me.	Pleu-reur.	Zè-bre.

le bon-bon, la sou-pe, un bou-ton, u-ne sou-coupe, un dan-seur, la dou-leur, un four-gon, un pan-ta-lon, la four-mi, un jou-jou, le mou-lin, un pin-son. — un ga-lon neuf — mon jar-din — ton jou-jou — son mou-lin — ro-bin mou-ton — le bon la-bou-reur.

le ti-mon de la voi-tu-re — le feu du four — le cou du din-don — un peu de feu — le ga-zon du jardin —

la meu-le du mou-lin — le pe-pin de la poi-re — le ma-ga-sin de maman — de bon ma-tin — bon-jour, ma tan-te — à ton tour, mon a-mi.

la poule a pondu — il a un peu peur — la boule a roulé — l'ours danse—la meule tourne—le pinson vole—écoute ton père—la voiture roule—le laboureur laboure—console ta maman—le lapin a couru—demande un sou à maman — mon papa m'a raconté un conte — le feu a consumé la cabane du laboureur — un milan a fondu sur une poule —tourne le bouton de la porte—on a peur de l'ouragan — mon élève a fini son devoir — le laboureur a récolté du lin — l'ours a monté sur un pin du jardin — maman a voulu me punir — consulte ton père, mon ami.

Voi-iez le ciel bril-lant d'é-toi-les, la ter-re cou-ver-te de fleurs, de fruits et d'a-ni-maux; c'est Dieu qui a fait tout ce-la; lui seul est tout-puissant: pour plai-re à Dieu, il faut que cha-cun fas-se son de-voir.

Le de-voir d'un en-fant est d'o-bé-ir à ses pa-rens, de

cher - cher ce qui peut leur plai-re.

Les hom-mes sont faits pour s'ai-mer; ils sont en so-ci-é-té pour se ren-dre ser-vi-ce les uns aux au-tres.

Ce-lui qui ne veut ê-tre u-ti-le à per-son-ne, n'est pas di-gne de vi-vre avec les au-tres.

Les mi-li-tai-res

dé-fen-dent l'é-tat ; les ju-ges font ren-dre à cha-cun ce qui lui est dû; les mar-chands pro-cu-rent tout ce dont on a be-soin ; les ou-vri-ers le pré-pa-rent.

Les prê-tres sont les gar-diens de la mo-ra-le.

Les sa-vans nous ex-pli-quent les mer-veil-les de la

na-tu-re ; les ar-tis-tes nous en re-pré-sen-tent les beau-tés ; le phi-lo-so-phe est ce-lui qui ai-me la sa-ges-se et qui fait tout pour el-le.

La sa-ges-se de l'en-fant le rend plus ai-ma-ble ; il fait a-vec plai-sir ce qu'on lui de-man-de.

La vé-ri-té est si bel-le, ne men-tez

ja-mais ; on ne croit plus ce-lui qui a men-ti u-ne fois quand mê-me il dit vrai.

Phrases à épeler.

Il n'y a qu'un seul Dieu qui gou-ver-ne le ciel et la ter-re.

Ce Dieu ré-com-pen-se les bons et pu-nit les mé-chans.

Les en-fans qui ne sont pas o-bé-is-sans ne sont pas ai-més de Dieu, ni de leurs pa-pas et ma-mans.

Il faut faire l'au-mô-ne aux pau-vres, car on doit a-voir pi-tié de son sem-bla-ble.

Un en-fant ba-bil-lard et rap-por-teur est tou-jours re-bu-té par tous ses ca-ma-ra-des.

On ai-me les en-fans do-ci-les ; on leur don-ne des bon-bons.

Un enfant doit être poli.

Un enfant boudeur est haï de tout le monde.

Un enfant qui est honnête et qui a bon cœur est chéri de tous ceux qui le connaissent.

L'homme a cinq sens, ou cinq manières d'apercevoir ou de sentir ce qui l'environne.

Il voit avec les yeux.

Il entend par les oreilles.

Il goûte avec la langue.

Il flaire ou respire les

odeurs avec le nez.

Il touche avec tout le corps, et principalement avec les mains.

L'enfant sage est la joie de son père.

Le lion est le roi des animaux.

L'aigle est le roi des oiseaux.

La rose est la reine des fleurs.

L'or est le premier des métaux; il est le plus dur et le plus rare.

La baleine est le plus gros des poissons de la mer.

Le brochet est un poisson vorace qui détruit les autres poissons des rivières et des étangs.

ANE.

Cet animal diffère beaucoup du cheval par la petitesse de sa taille, par ses longues oreilles, par sa queue, qui n'est garnie de poils qu'à l'extrémité, par son port, qui n'a point la noblesse de celui du cheval, par son braire désagréable. On lui reproche plusieurs vices dans le caractère; mais combien de qualités utiles rachètent ses défauts! Il est sobre, tempérant; on le met à tout; il est dur et patient au travail; c'est la ressource des gens de campagne qui ne peuvent pas acheter un cheval et le nourrir. Cet animal est originaire d'Arabie : il vit en société dans la Libye, dans la Numidie;

on en voit des troupes qui marchent ensemble; lorsqu'ils apercoivent quelqu'un, ils jettent un cri et font une ruade, s'arrêtent, et, ainsi que les chevaux sauvages, ne fuient que lorsqu'on les approche. L'âne s'est naturalisé sous d'autres climats; plus les pays sont froids, plus cet animal a perdu de sa première nature. Les Arabes en ont un aussi grand soin que de leurs chevaux. Ils les dressent à aller à l'amble; ils leur fendent les naseaux pour qu'ils puissent respirer plus aisément dans la vitesse de la course, qui est aussi vive que celle des chevaux. Cette espèce a dégénéré dans nos climats. Les ânes sont en grand honneur à Maduré, où une tribu d'Indiens les révère particulièrement. Ce peuple est persuadé que les ames des nobles passent dans les corps des ânes. La famille du roi de ce pays prétend même en descendre en ligne directe, et ceux de cette famille traitent les ânes comme leurs propres frères. On assure que l'âne vit trente ans.

BISON.

Cet animal a des cornes rondes et courtes, dont la pointe est tournée en dehors, le front très large; l'œil d'une expression féroce et étincelant, une protubérance sur les épaules aussi forte que celle du chameau, et une longue crinière onduleuse qui forme une espèce de barbe sous son menton, il a les parties inférieures du corps excessivement fortes et ramassées, et celles du train de derrière comparativement plus faibles.

Les bisons errent par nombreux troupeaux et pâturent dans les savanes. Le matin et le soir, pendant les grandes chaleurs du jour, ils se reposent près du cours des rivières et des ruisseaux, laissant une empreinte si profonde de leurs pieds dans les terrains humides, à raison de l'énorme pesanteur de leur corps, que les indiens suivent facilement leurs traces et parviennent à les tuer.

Pour donner une idée de la force prodigieuse des bisons, il suffit de faire observer qu'en fuyant à travers les bois ils abattent des arbres beaucoup plus gros que le bras d'un homme, et qu'ils courent à travers la neige la plus épaisse avec plus de rapidité qu'un indien ne pourrait traverser sa surface congelée avec des espèces de patins.

Les bisons montrent beaucoup de sagacité à se défendre contre les loups. Lorsqu'ils ont éventé une bande de ces bêtes féroces, leur troupeau forme un cercle, au milieu duquel ils placent les plus faibles d'entre eux, tandis que les plus forts se rangent à sa circonférence, présentant ainsi un front impénétrable de cornes. Néanmoins les loups parviennent à les attaquer par surprise, et un grand nombre de ceux qui sont les plus faible où les plus puissans sont victimes de ces ennemis carnassiers.

CHEVAL.

Le cheval, dans l'état de domesticité, se trouve dans toutes les parties du globe, à l'exception du cercle arctique, et c'est la plus belle conquête que l'homme ait jamais faite ; mais un célèbre écrivain a fait la remarque que pour trouver ce noble animal dans son état naturel, il ne faut pas le chercher dans les pâturages où il a été confiné par l'homme, mais dans ces plaines immenses où il est né, où il n'éprouve aucune contrainte et où il peut se livrer à tous les élans de sa liberté.

Dans les déserts de l'Afrique et les pays isolés qui séparent la Tartarie des régions plus méridionales de cette partie du monde, on voit souvent ces quadrupèdes par troupeaux de cinq à six cents à la fois ; mais l'Arabie est la contrée où ils se trouvent dans le plus grand état de perfection. Ils sont aussi chers aux Arabes que leur propres enfans, et le commerce habituel résultant de ce qu'ils vivent sous la même tente avec leur maître et sa famille, fait naître dans ce quadrupède une familiarité qui ne pourrait avoir lieu d'aucune autre manière quelconque, et une douceur que les bons traitemens seuls peuvent produire. Ce sont les animaux du désert les plus légers à la course, et ils sont si bien dressés qu'ils s'arrêtent au milieu du plus rapide élan pour peu que le cavalier les tiennent en brides. Totalement étrangers à l'éperon, le moindre chatouillement de la pointe du pied les fait partir subitement et d'une vitesse extrême. Ils sont si dociles qu'ils se laissent mener et conduire à la baguette.

Ces animaux constituent la principale richesse des Arabes, qui s'en servent pour la chasse et pour leurs expéditions spoliatrices.

L'Arabe, sa femme et ses enfans couchent tous pêle-mêle. On voit les petits enfans sur le corps et sur le cou de la jument et du poulain, sans que ces animaux les blessent ni ne les incommodent; on dirait qu'ils n'osent se remuer, de peur de leur faire du mal.

DROMADAIRE.

Le chameau et le dromadaire ne sont qu'une variété de la même espèce, et multiplient très-bien ensemble. Le chameau se reconnaît à ses deux bosses sur le dos. Le dromadaire n'en a qu'une.

Le naturel de ces animaux est le même ; ils sont doux et courageux. La gaîté leur fait supporter les plus rudes fatigues. Dans les caravanes, au milieu des sables, il ne faut que chanter, siffler, pour les encourager. Les traitemens durs les rebutent ; ils ont de la mémoire.

Ces quadrupèdes varient pour la grandeur, pour la force, suivant le climat sous lequel ils sont nés. Les uns sont grands, forts, et portent des poids si considérables qu'on les a nommés *navires de terre*. C'est dans des paniers suspendus à leurs bosses que l'on s'assied. Les autres, plus maigres, moins grands, sont d'excellens coureurs. Ils font jusqu'à vingt-cinq et trente lieues par jour. Une heure de repos, une pelote de pâte leur suffisent chaque jour. Ils sont singulièrement appropriés aux climats arides et brûlans sous lesquels ils vivent ; ils peuvent rester neuf ou dix jours sans boire, même en supportant les plus rudes fatigues. Si par hasard aussi il se rencontre une mare à quelque distance de leur route, ils sentent l'eau de plus d'une demi-lieue, et boivent en une seule fois pour tout le temps passé et pour autant de temps à venir. Cette facilité qu'ont les chameaux de s'abstenir de boire provient de ce que, outre les quatre estomacs qui leur sont communs avec les animaux ruminans, ils ont une cinquième poche qui leur sert de réservoir pour l'eau qu'ils boivent en grande quantité. Lorsqu'ils ont soif et qu'ils veulent broyer leurs alimens, ils font revenir dans leur bouche une certaine quantité d'eau.

Ces animaux sont si grands, qu'on ne pourrait pas les charger aisément. On les dresse à s'accroupir; lorsque le chameau se sent chargé au delà de ses forces, il se rebute, cherche à se relever, donne des coups de tête; si on le surcharge malgré lui, il jette alors des cris lamentables, propres à attendrir un maître injuste. La durée de sa vie est à peu près de cinquante ans.

ÉLÉPHANT.

Cet animal, le plus grand des quadrupèdes, habite les climats chauds de l'Afrique et de l'Asie. En considérant l'éléphant à l'extérieur, il semble mal proportionné. Son corps est gros et court, ses pieds ronds et tortus, sa tête grosse, ses yeux petits et ses oreilles très-grandes; mais sous les dehors les moins avantageux, il possède les meilleures et les plus étonnantes qualités. Il a l'intelligence du castor, l'adresse du singe, le sentiment du chien. A ce mérite se réunissent des avantages particuliers : la force, la grandeur, la longue durée de la vie.

« Ses yeux, dit M. de Buffon, quoique petits, relativement au volume de son corps, sont brillans et spirituels : c'est l'expression pathétique du sentiment. Il les tourne lentement et avec douceur vers son maître. Il a pour lui le regard de l'amitié; celui de l'attention lorsqu'il parle, le coup d'œil de l'intelligence lorsqu'il l'écoute; celui de la pénétration lorsqu'il veut le prévenir. Il semble réfléchir, délibérer, penser et ne se déterminer qu'après avoir examiné et regardé à plusieurs fois et sans précipitation, sans passion, les signes auxquels il doit obéir. Il joint au courage la prudence, le sang-froid, l'obéissance, se souvient des bienfaits, des injures. A la voix de son maître, il modère sa fureur; dans sa colère, il ne méconnaît point ses amis. Redoutable par sa force, il ne fait point la guerre aux autres animaux, ne se nourrit que de végétaux. »

Il y en a qui ont jusqu'à quinze pieds de hauteur; leur trompe est un bras nerveux qui déracine les arbres, et une main adroite qui saisit les corps les plus minces et les détaille en petits morceaux. L'éléphant ramasse l'herbe avec sa trompe, la porte à sa bouche; lorsqu'il a soif, il trempe le bout de sa trompe dans l'eau qu'il aspire, en remplit la cavité, la recourbe pour la porter jusque dans son gosier; il soulève avec sa trompe un poids de deux cents livres. L'éléphant, outre sa trompe, est encore muni de défenses redoutables; ce sont deux espèces de dents longues de quelques pieds, et un peu recourbées en haut Il s'en sert pour attaquer, et se défendre contre ses ennemis.

FOURMILLER.

Cet animal a environ sept pouces depuis le museau jusqu'à la queue; sa tête a un peu plus de deux pouces de longueur, mais elle est très épaisse ; ses yeux sont fixés à une petite distance des coins de la bouche ; il a les oreilles petites et presque cachées sous son pelage, qui est moelleux, luisant et bigaré de roux et de jaune d'une manière fort curieuse ; les jambes ont environ trois pouces de hauteur, et les pieds de derrière sont armés de quatre griffes, tandis que ceux de devant n'en ont que deux. Ce quadrupède grimpe après les arbres avec une grande facilité, et se plaît à se suspendre à leurs branches par sa queue ; il se cache aussi fort souvent sous les racines des buissons et des arbres, ainsi que sous les tas de feuilles tombées.

La manière dont s'y prend le fourmiller pour se procurer sa proie est très singulière : lorsqu'il s'approche des fourmilières il avance avec lenteur en se traînant sur le ventre et en prenant toutes les précautions pour n'être pas aperçu, jusqu'à ce qu'il soit arrivé à une distance convenable ; il se couche alors par terre, étend sa langue sur le passage des fourmis, et l'y laisse quelques minutes sans mouvement. Ces insectes la prenant pour un ver ou pour un morceau de chair, s'attroupent autour de cette amorce, et dès qu'ils s'y attachent ils se trouvent empêtrés dans une espèce de salive visqueuse dont elle est imprégnée. Quand l'animal s'aperçoit que sa langue en est assez couverte, il la retire et les dévore au même instant.

Ces animaux ne se trouvent que dans les parties les plus désertes et les moins cultivées du nouveau monde.

GIRAFE.

C'est principalement dans les climats brûlans de l'Afrique que se trouve la girafe, ce bizarre animal, qui tient du cerf et du chameau par ses formes, et qui peut atteindre avec sa tête à la hauteur de dix-sept à dix-huit pieds. La girafe a les jambes de derrière beaucoup moins hautes que celles de devant, en sorte que, quand elle est assise sur la croupe, il semble qu'elle soit entièrement debout.

La girafe, quoique d'un caractère paisible et même craintif, se défend avec avantage contre le lion, mais elle succombe contre le tigre. Cet animal broute, mais rarement, parce que, dans les contrées brûlantes qu'il habite, le pâturage manque souvent; il se nourrit de feuilles d'arbrisseaux.

HYÈNE.

L'hyène se trouve dans les pays chauds de l'Afrique et de l'Asie. Elle est à peu près de la grandeur du loup, mais son corps est plus court et plus ramassé ; son naturel est sauvage et solitaire ; elle habite les fentes des rochers, les cavernes et les souterrains qu'elle se creuse. On a donné beaucoup de merveilleux à l'histoire de cet animal; on a supposé, par exemple, qu'il se laissait prendre au son des instrumens, qu'il imitait la voix humaine, appelait les bergers par leur noms, et mille autres absurdités de cette espèce. Les naturalistes, plus amis de la vérité que du merveilleux, nous apprennent que l'hyène est d'un naturel féroce et carnassier, qui ne s'apprivoise jamais. Son cri imite le mugissement du veau; ses yeux, brillans dans l'obscurité, voient mieux la nuit que le jour. Courageuse, elle se défend contre le lion, attaque la panthère, terrasse l'once, se jette sur l'homme, suit de près les troupeaux, rompt souvent la nuit les clôtures des bergeries et les portes des étables, pour dévorer les bestiaux. A défaut de proie, elle déterre avec ses ongles les cadavres, dont elle fait sa nourriture. L'hyène qui fit tant de ravages dans le Gévaudan en 1764, 1765 et 1766, n'est peut-être qu'une espèce de loup cervier.

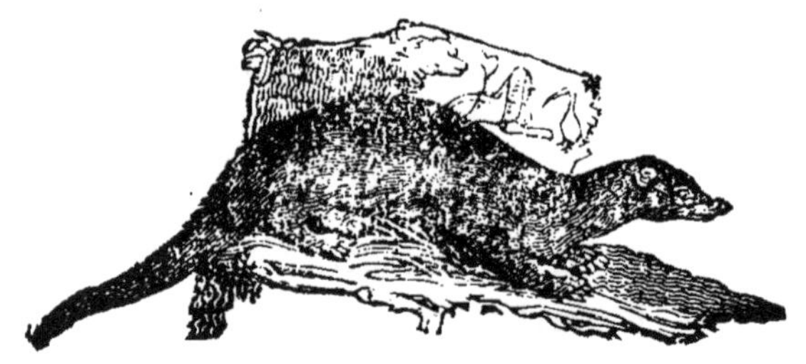

ICHNEUMON.

Ce petit animal, du genre des belettes, est vif, léger, colère, plein de courage, hardi; il rampe avec finesse, ou se lance comme un trait sur sa proie; s'assied sur son derrière; ses jambes de devant lui servent de main pour manger, de gobelet pour boire. Il a sous le ventre une poche d'où suinte une liqueur odorante, il est susceptible d'éducation, et s'aprivoise très-bien, devient familier et badin, prend de l'humeur lorsqu'on le trouble pendant qu'il mange, car ses appétifs sont véhémens. On lui a rendu en Egypte les honneurs divins, à cause des grands services qu'il rend. Il déterre dans le sable les œufs de crocodiles, mange les jeunes, attaque les serpens venimeux. Les morsures qu'il reçoit dans les combats ne lui font pas lâcher prise. On prétend qu'il a l'art de se cuirasser; il se vautre dans la boue, elle se sèche sur lui et lui forme une sorte de cuirasse.

JAGUAR.

Le jaguar est un animal carnassier de l'Amérique, à peu près de la grosseur d'un dogue; il est tacheté comme le tigre; quand il est pressé par la faim, il est aussi dangereux; mais il ne faut pour le faire fuir que lui présenter un tison allumé; quand il a bien mangé il n'a plus de courage. Lorsque les jaguars sont affamés, ils attaquent les vaches et les bœufs, en leur sautant sur le dos; ils enfoncent leurs griffes de la patte gauche sur le cou, et lorsque le bœuf est tombé, ils le déchirent, et traînent les lambeaux de sa chair dans les bois, après lui avoir ouvert la poitrine et le ventre pour en boire tout le sang, dont ils se contentent pour une première fois. Ils couvrent ensuite avec des branches les restes de leur proie, et ne s'en écartent guère; mais lorsque la chair commence à se corrompre, ils n'en mangent plus.

KANGUROO.

Cet animal, lorsqu'il a pris toute sa croissance, est à peu près de la grosseur d'un mouton; la tête et les épaules sont très-petites en proportion des autres parties du corps.

On rapporte que plusieurs prisonniers de Botany-Bay observèrent la manière dont un kanguroo se sauvait, en se défendant des attaques d'un vigoureux dogue de Terre-Neuve. Avec sa queue il frappait son adversaire d'une manière terrible : les coups étaient portés avec une si grande vigueur, que le chien fut blessé jusqu'au sang sur plusieurs parties du corps. Ils remarquèrent encore que le kanguroo ne faisait usage ni de ses dents, ni de ses pieds de derrière, il se contentait de battre le chien de sa queue, et quoique les déportés n'en fussent qu'à une petite distance, il échappa avant qu'ils pussent arriver pour assister leur chien.

LION.

La noblesse, la force, l'agilité, sont les apanages de ce quadrupède, dont la taille est majestueuse, la démarche grave et fière, la voix effrayante, le mouvement souple. S'il est cruel, c'est par besoin ou par vengeance. La faim, la soif excitent sa fureur aveugle. Accoutumé à se désaltérer du sang des animaux qu'il déchire et qu'il dévore, sa férocité redouble à la présence du sang répandu. Il est dangereux d'attirer son ressentiment. Terrible dans sa colère, ses yeux étincellent, la peau de sa face est mobile, sa crinière se hérisse et s'agite; les coups de sa queue, dont il se bat les flancs, terrasseraient un homme; sa langue avancée, ses dents menaçantes, son rugissement affreux inspirent en ce moment le plus grand effroi. En vain l'objet de sa colère voudrait lui échapper; il se lance par sauts et par bonds, saisit sa proie, l'immole à sa vengeance, la met en pièces, et assouvit sa cruauté dans le sang qu'il fait ruisseler; mais s'il ne pardonne pas une offense, il est sensible au bienfait, dont il ne perd pas le souvenir. L'histoire nous en fournit des exemples frappans. Le naturel du lion n'est pas habituellement féroce. Ce roi des animaux, s'il n'est irrité par le besoin ou la douleur, est assez paisible. Content de se faire respecter par sa figure imposante et son regard assuré, il n'use point en tyran de la supériorité que lui donne sa force. C'est dans cet état paisible que se manifeste la douceur de son caractère. On a vu des lions apprivoisés servir d'attelage aux chars de triomphe. Les Romains en tiraient de la Libye pour l'usage de leurs spectacles. Pris jeunes, ils sont susceptibles d'éducation, et servent fidèlement leur maître à la chasse et à la guerre.

MORSE.

Les formes de cet animal sont peu élégantes, en ce qu'il a la tête petite, le cou très court, le corps trapu, les jambes basses, et les lèvres épaisses; celle de dessus est bifide, et garnie de plusieurs soies à demi transparentes. Ses yeux sont singulièrement petits, et au lieu d'oreilles externes, il a deux orifices semi-circulaires; sa mâchoire supérieure est armée de deux longues défenses recourbées et inclinées vers la terre. Ses cornes pèsent de dix à trente livres, et servent aux morses à arracher les coquillages qui s'attachent aux rochers au fond de la mer; quelques-uns de ces amphibies ont dix pieds de long et dix à douze de circonférence.

Cet animal a le naturel fort doux, quand il n'est pas attaqué et irrité; mais dans ce dernier cas, il devient furieux et excessivement vindicatif. Lorsque les femelles sont surprises dormant sur les glaces, elles commencent à pourvoir à la sûreté de leurs petits en les jetant à l'eau, ou en les portant à de grandes distances en mer, où ils n'ont plus rien à redouter, puis elles reviennent venger l'insulte qu'elles ont reçue; elles cherchent quelquefois à accrocher leurs défenses après les bateaux pour les couler à fond, ou à se lever sous ces bateaux en grand nombre pour tâcher de les renverser, en poussant en même temps des hurlemens affreux, ou en faisant claquer leurs dents avec beaucoup de violence.

L'attachement que ces quadrupèdes ont les uns pour les autres est très fort, et ils font tout ce qu'ils peuvent pour mettre en liberté leurs compagnons, lorsqu'ils sont atteints par les harpons; on a vu un morse blessé plonger au fond de la mer, remonter aussitôt à la surface, et amener avec lui une multitude de ces amphibies pour attaquer le canot d'où l'insulte était partie.

Ces animaux se trouvent dans les mers du nord, et principalement sur les côtes des îles Madeleines, dans le golfe de St.-Lambert; ils vivent entièrement de plantes marines et de coquillages, mais on les a vus souvent attirer à eux sur la surface de l'eau du gibier de mer avec leur longues défenses, et le jeter en l'air pour s'amuser.

NILGAU.

Originaire des climats chauds, cet animal est de la taille d'environ quatre pieds, et ressemble beaucoup au cerf, dont il n'a pas l'agilité. Ses cornes ont six pouces de long. Le nilgau est doux, quoique très-vif, et même familier ; il mange de l'avoine et de préférence de l'herbe fraîche. Sa viande est bonne, ainsi que son suif; son cuir est ferme et épais.

OURS.

On distingue plusieurs espèces de ces animaux. Ils diffèrent par la couleur et par les mœurs. L'*ours brun* est féroce et carnassier ; l'*ours noir* n'est que farouche: il refuse constamment de manger de la chair ; il est friand de fruits, de lait, de miel. Lorsqu'il en a découvert, il se ferait plutôt tuer que de lâcher prise. Il habite les forêts des pays septentrionaux de l'Amérique et de l'Europe. Pris jeune, il est susceptible de recevoir une certaine éducation, gesticule, danse, semble écouter le son des instrumens, suivre grossièrement la mesure. Quoiqu'il paraisse obéissant, il faut s'en méfier, le conduire avec circonspection. Il est colérique. Ses doigts sont gros, courts et serrés. Il peut frapper à poings fermés comme l'homme. L'ours est non seulement sauvage, mais solitaire; il fuit par instinct toute société, ne se plaît que dans les retraites les plus profondes, les cavernes inaccessibles et les lieux abandonnés à la vieille nature. Sa voix est un grognement mêlé de frémissement lorsqu'il est en colère. Pendant l'hiver l'ours se retire seul dans sa tanière, y reste tranquille sans prendre de nourriture. Il n'est pas cependant dans un état d'engourdissement comme la marmotte; mais la graisse dont toutes les parties de son corps sont pour lors couvertes est pompée par les vaisseaux, et lui sert d'alimens pendant cette saison d'abstinence. Il lèche aussi l'extrémité de ses pattes, qui sont composée de glandes ou mamelons remplis d'un suc blanc et laiteux.

QUINCAJOU.

Animal quadrupède de l'Amérique, de la grosseur d'un chat très-fort, armé de griffes, d'un poil roux. Il a une longue queue, qui fait deux ou trois tours sur son dos. Le quincajou est fort léger; il monte sur les arbres et se couche sur une branche, et lorsque l'orignal, espèce d'élan du Canada, vient à passer, il se jette adroitement sur son cou, l'accole de ses griffes, et ne le quitte point qu'il ne l'ait terrassé. L'orignal tâche de courir à l'eau pour s'y plonger; alors son ennemi, qui craint l'eau, se jette à terre et l'abandonne.

RHINOCÉROS.

Cet animal, le plus curieux et le plus grand des quadrupèdes après l'éléphant, se trouve dans les déserts de l'Afrique et de l'Asie. Il vit d'herbes, de feuillages, de branches d'arbres. Celui qu'on montrait à Paris, en 1748, doux, caressant, apprivoisé, venait d'Asie. On l'avait amené par terre, dans une voiture tirée par vingt chevaux. Il mangeait du foin, de la paille, des légumes, du pain, des fruits, recevait avec plaisir dans la bouche et les narines la fumée de tabac qu'on lui soufflait, buvait par jour quatorze seaux d'eau. Le vin, la bière étaient de son goût; il refusait la viande et le poisson. Sa peau rude, écailleuse, plus épaisse sur le dos que sous le ventre, ne l'empêchait pas de frissonner au moindre coup de baguette. On avait soin de le graisser de temps en temps avec de l'huile de poisson, pour l'empêcher de se durcir et de se fendre. Il léchai un de ses gardiens sans lui faire aucu mal. Mais la langue du rhinocéros d'Afrique, rude comme une râpe, enlève l'épiderme de la peau. Le cri du rhinocéros semblable à celui d'un bœuf poussif, ne s'entend de loin que lorsqu'il est furieux. Sa course est légère en comparaison de la masse énorme de son corps. Il fait, dit-on, jusqu'à soixante lieues dans un jour. On prétend qu'il aime à nager et à plonger. Il n'est point d'un naturel féroce, ne fait aucun mal aux hommes qui ne l'attaquent point ou qui n'ont pas de vêtemens rouges. Les habitans d'Abyssinie l'apprivoisent et le dressent au travail. Il se plaît à aiguiser sa corne contre les arbres et les rochers. Son odorat est subtil. Lorsque le vent est favorable, il sent de très-loin les autres animaux, va au-devant d'eux, sillonne la terre avec sa corne, déracine les arbres, enlève les pierres, les lance très-haut, renverse tout ce qui s'oppose à son passage, fait voler sa proie par dessus sa tête, la lèche fortement, de manière à enlever toute les chairs. Lorsqu'on a le malheur de se trouver à sa rencontre, on peut éviter sa fureur en se dérangeant pour le laisser passer; car il ne voit que devant lui et se tourne difficilement.

SINGE.

Beaucoup d'auteurs distinguent deux genres de singes : les singes à longue queue et les singes sans queue. Ces deux genres sont encore divisés en plus de vingt-neuf espèces entre elles par leur grandeur et leur forme.

M. de Buffon définit le singe un animal

sans queue, dont les mains, les doigts, les ongles et les dents ressemblent à ceux de l'homme, et qui, comme lui, marche debout sur les deux pieds. L'organisation intérieure et extérieure présente des rapports frappans entre le singe et l'homme. La privation de la parole et de la pensée met un intervalle immense entre ces deux êtres. Le singe est indocile. Ses mouvemens sont brusques, sa face mobile se prête à mille grimaces, mille contorsions qui, jointes à ses gestes ridicules et extravagans, donnent le spectacle de la pantomime la plus risible et la plus divertissante.

Les singes, en général, sont fort laids, sont très-enclins à voler, à déchirer, casser; mais en récompense ils sont fort ingénieux et adroits dans toutes leurs fonctions. Sensibles au bien-être et à la détresse, ils en témoignent en tout temps leurs passions d'une manière très-expressive : si on les bat, ils ont l'art de soupirer, de gémir, de pleurer; ils savent faire des grimaces et des postures si ridicules, que l'homme le plus mélancolique ne pourrait s'empêcher de rire. Portés à l'imitation de tout ce qui se fait devant leurs yeux, ils affectent un geste et une contenance qui ressemblent beaucoup aux habitudes humaines; ils apprennent parfaitement ce qu'on leur enseigne, même ce qu'on ne prétend pas qu'ils sachent.

L'aventure qui arriva aux troupes d'Alexandre, à l'occasion des singes, est trop singulière pour la passer ici sous silence. Comme ses troupes marchaient toujours en bon ordre, elles se trouvèrent dans des montagnes où il y avait beaucoup de singes, et l'on y campa la nuit. Le lendemain, quand l'armée se mit en marche, elle aperçut à quelque distance une quantité prodigieuse de singes, qui s'étaient assemblés et rangés par bataillons. Les Macédoniens, qui ne pouvaient soupçonner rien de pareil, crurent que c'était l'ennemi : on sonna la bataille; chacun prit les armes et se disposa au combat; mais Taxile, prince du pays, qui s'était déjà rendu à Alexandre, lui apprit ce que c'était que cette prétendue armée, et qu'il ne suffisait que d'avancer pour la mettre en fuite.

TIGRE.

Ce quadrupède redoutable habite les contrées sauvages et les îles désertes de l'Asie et de l'Amérique. La force, l'agilité, la légèreté, la souplesse secondent son naturel féroce et carnassier. Cruel par instinct, méchant par caractère, furieux par habitude, toujours altéré de sang, cet animal destructeur, plus à craindre que le lion, sans attendre le besoin, sans être excité par le désir de la vengeance, étrangle, met en pièces, dévore tous les êtres animés qu'il peut apercevoir. Sa rage insatiable ne connaît point d'intervalles. C'est un tyran brutal qui voudrait dépeupler l'univers pour régner seul au milieu des victimes qu'il immole à sa fureur aveugle. Ses ongles crochus et mobiles et ses dents meurtrières sont les instrumens de sa tyrannie, qu'il étend jusque sur sa propre famille. Il n'épargne pas même sa femelle lorsqu'elle veut soustraire ses petits à son appétit sanguinaire. Sa férocité est peinte dans ses yeux hagards et étincelans, sa malice dans sa figure basse. Une face mobile, une gueule ensanglantée, une langue pendante, une voix rugissante, un grincement de dents continuel, tels sont les signes apparens de cette méchanceté noire qui met en mouvement tous les ressorts organiques de cet animal vorace. Troupeaux domestiques, bêtes sauvages, petits éléphans, jeunes rhinocéros, rien n'échappe à ses poursuites. Il s'élance par bonds sur sa proie, plonge sa tête dans l'animal qu'il éventre, en suce le sang avec avidité, et semble regretter celui qui se perd par effusion. Pour jouir en paix de sa conquête, il entraîne au fond des bois, avec une rapidité singulière, le buffle, le cheval et autres gros animaux, et les dépèce à son aise, sans admettre d'associés, sans souffrir de partage. Il n'est permis à aucun être vivant d'exister partout où réside le tigre.

PARESSEUX.

Le nom de *paresseux* ou *unau* lui a été donné à cause de la lenteur de ses mouvemens, et de la difficulté qu'il éprouve à marcher. En effet, autant la nature nous a paru vive, agisssante, exaltée dans les singes, autant elle est lente, contrainte et resserrée dans les *paresseux*; et c'est moins paresse que misère, c'est défaut, c'est dénûment, c'est vice dans la conformation: point de dents incisives ni canines: les yeux obscurs et couverts; la mâchoire aussi lourde qu'épaisse; le poil plat, et semblable à de l'herbe séchée; les cuisses mal emboîtées et presque hors des hanches; les jambes trop courtes, mal tournées et encore plus mal terminées; point d'assiette de pied, point de pouces, point de doigts séparément mobiles, mais deux ou trois ongles extrêmement longs, recourbés en dessous, qui ne peuvent se mouvoir qu'ensemble et qui nuisent plus à marcher qu'ils ne servent à grimper : la lenteur, la stupidité, l'abandon de son être, et même la douleur habituelle, résultent de cette conformation bizarre et négligée; point d'armes pour attaquer ou se défendre; nul moyen de sécurité, pas même en grattant la terre; nulle ressource de salut dans la fuite : confinés, je ne dis pas au pays, mais à la motte de terre, à l'arbre sous lequel ils sont nés, prisonniers au milieu de l'espace, ne pouvant parcourir qu'une toise en une heure; grimpant avec peine, se traînant avec douleur; une voix plaintive et par accens entrecoupés, qu'ils n'osent élever que la nuit; tout annonce leur misère, tout nous rappelle ces monstres par défaut, ces ébauches imparfaites mille fois projetées, exécutées par la nature, qui, ayant à peine la faculté d'exister, n'ont dû subsister qu'un temps, et ont été depuis effacées de la liste des êtres : et, en effet, si les terres qu'habite l'unau n'étaient pas des déserts, si les hommes et les animaux puissans s'y fussent anciennement multipliés, cette espèce ne serait pas parvenue jusqu'à nous; elle eût été détruite par les autres, comme elle le sera un jour. Les paresseux sont le dernier terme de l'existence des animaux qui ont de la chair et du sang.

Au reste, si la misère qui résulte du défaut de sentiment n'est pas la plus grande de toutes, celle de ces animaux, quoique très-apparente, pourrait ne pas être réelle; car ils paraissent très-mal ou très-peu sentir : leur air morne, leur regard pesant, leur résistance indolente aux coups qu'ils reçoivent sans s'émouvoir, annoncent leur insensibilité ; et ce qui la démontre, c'est qu'en les soumettant au scalpel, en leur arrachant le cœur et les viscères, ils ne meurent pas à l'instant. Pison, qui a fait cette expérience, dit que le cœur séparé du corps battait encore vivement pendant une demi-heure, et que l'animal remuait toujours les jambes, comme s'il n'eût été qu'assoupi. Par ces rapports, ce quadrupède se rapproche non seulement de la tortue, dont il a déjà la lenteur, mais encore des autres reptiles et de tous ceux qui n'ont pas un centre de sentiment unique et bien distinct : or, tous ces êtres sont misérables sans être malheureux ; et dans ses productions les plus négligées, la nature paraît toujours plus en mère qu'en marâtre.

Les *paresseux*, réduits à vivre de feuilles et de fruits sauvages, consomment beaucoup de temps pour se traîner au pied d'un arbre ; il leur en faut encore beaucoup pour grimper jusqu'aux branches ; et pendant ce lent et triste exercice, qui dure quelquefois plusieurs jours, ils sont obligés de supporter la faim, et peut-être de supporter le plus pressant besoin. Arrivés sur leur arbre, ils n'en descendent plus ; ils s'accrochent aux branches ; ils le dépouillent par parties, mangent successivement les feuilles de chaque rameau, passent ainsi plusieurs semaines sans pouvoir délayer par aucune boisson cette nourriture aride, et lorsqu'ils ont ruiné leur fonds, et que l'arbre est entièrement nu, ils y restent retenus par l'impossibilité d'en descendre ; enfin, quand le besoin se fait de nouveau sentir, qu'il presse et qu'il devient plus vif que la crainte du danger de la mort, ne pouvant descendre, ils se laissent tomber, et tombent très-lourdement comme un bloc, une masse sans ressort, car leurs jambes raides et paresseuses n'ont pas le temps de s'étendre pour rompre le coup.

A terre, ils sont livrés à tous leurs ennemis : comme leur chair n'est pas absolument mauvaise, les hommes et les animaux de proie les cherchent et les tuent. Il paraît qu'ils multiplient peu, ou du moins que, s'ils produisent fréquemment, ce n'est qu'en petit nombre, car ils n'ont que deux mamelles. Tout concourt donc à les détruire, et il est bien difficile que l'espèce se maintienne.

L'unau habite actuellement les terres méridionales de l'Amérique, et ne se trouve nulle part dans l'ancien continent.

On ne peut mieux terminer cet article que par les observations du marquis de Montmirail sur un unau qu'il a nourri pendant plusieurs années dans sa ménagerie. « Cet animal, très-pesant et d'une « allure très-maladroite, paraissait s'ani- « mer davantage sur le déclin du jour et « dans la nuit, ce qui pourrait faire soup- « çonner qu'il voit très-mal le jour, et « que sa vue ne peut lui servir que dans « l'obscurité. Quand je l'achetai à Ams- « terdam, on le nourrissait avec du biscuit « de mer, et l'on me dit que dans le temps « de verdure, il ne fallait le nourrir « qu'avec des feuilles. On a essayé en effet « de lui en donner : il en mangeait volon-

« tiers quand elles étaient encore tendres;
« mais du moment où elles commençaient
« à se dessécher et à être piquées des
« vers, il les rejetait. Depuis trois ans
« que je le conserve vivant dans ma ména-
« gerie, sa nourriture ordinaire a été du
« pain, quelquefois des pommes et des
« racines, et sa boisson du lait. Il saisit
« toujours, quoique avec peine, dans une
« de ses pattes de devant, ce qu'il veut
« manger, et la grosseur du morceau aug-
« mente la difficulté qu'il a de le saisir avec
« ses deux ongles. Il crie rarement; son cri
« est bref, et ne se répète jamais deux fois
« dans le même temps. La situation la plus
« naturelle de l'unau, et qu'il paraît pré-
« férer à toutes les autres, est de se
« suspendre à une branche, le corps
« renversé en bas; quelquefois même il
« dort dans cette position, les quatre
« pattes accrochées sur un même point,
« son corps décrivant un arc. La force de
« ses muscles est incroyable; mais elle
« lui devient inutile lorsqu'il marche; car
« son allure n'en est ni moins contrainte
« ni moins vacillante. Cette conformation
« seule me paraît être une cause de la
« paresse de cet animal, qui n'a d'ailleurs

« aucun appétit violent, et ne connaît « point ceux qui le soignent. »

URSON.

Placé par la nature dans les déserts de l'Amérique septentrionale, cet animal existe dans un état d'indépendance absolue, éloigné de l'homme; il n'avait pas même reçu de nom spécial jusqu'au moment où M. de Buffon lui en a donné un conforme au caractère qui le distingue; ce quadrupède paraît ressembler au coendou et au porc-épic sous quelques rapports, mais il en diffère sensiblement.

L'urson est un animal très propre, et qui paraît éviter les endroits humides, dans la crainte de se mouiller; il forme son habitation sous les ruines de gros arbres creux, et se nourrit principalement de genevrier; dans l'hiver, la neige fait sa boisson, mais dans l'été il lape comme le chien.

Les sauvages de l'Amérique se régalent de sa chair, se vêtissent de sa fourrure et se servent de ses piquans en guise d'épingles et d'aiguilles.

VACHE.

Cet animal, la femelle du taureau, lui ressemble pour la taille et la construction de son corps, mais elle vit moins longtemps.

La richesse des pâturages exerce une influence tellement marquée sur la vache, que l'on rencontre souvent, sous les mêmes climats et dans les mêmes pays, les individus les plus parfaits et les plus faibles de l'espèce; l'Afrique, la Pologne, la Suisse, viennent à l'appui de cette observation.

Chez les Tartares, où les pâturages sont d'une qualité exquise, la vache atteint une grosseur prodigieuse, mais en France, où cet animal est gêné dans ses goûts, elle est bien dégénérée ; la vache ne fait ordinairement qu'un veau à la fois il n'y a rien dans cet animal qui ne soit utile à l'homme; et, dans ces derniers temps, on a même tiré avantage d'une de ses infirmités par l'inoculation du vaccin, antidote le plus puissant contre la petite vérole, maladie contagieuse et souvent mortelle.

XÉ DES CHINOIS,

OU ANIMAL MUSQUÉ.

Espèce de cerf qui n'a point de cornes et dont les dents supérieures canines sont découvertes, le poil de la vessie où est enfermé le musc est long de trois pouces. Cet animal est timide; comme son ouïe est fort délicate, il entend de loin, et s'enfuit dès qu'on s'approche de lui. Son musc est le plus parfait et le plus odoriféférant de tous; il est très recherché par les levantins, qui en font le plus grand cas.

Le xé se trouve à la Chine, dans les provinces de Kensi et de Sachuen.

YARQUÉ.

L'yarqué est une espèce de singe assez joli. Il marche sur ses deux pattes de derrière, se sert de celles de devant comme de deux petites mains; il prend avec beaucoup de grâce un fruit, le mange, et rejette le trognon. Ces singes, qui vivent dans les bois, vont par troupes; ils ont l'air de former un peuple, dont le voisinage n'est pas trop agréable. Quand ils ont aperçu dans un champ des fruits qui les tentent, ils guettent le moment favorable, font une irruption de vrais pillards, et ne se retirent que lorsqu'ils ont gâté trois fois plus de choses qu'ils n'en peuvent manger.

ZÈBRE.

Cet animal est plus petit que le cheval, et plus grand que l'âne. Le zèbre est peut-être, de tous les animaux quadrupèdes, le mieux fait et le plus élégamment vêtu; il a la figure et les grâces du cheval, la légèreté du cerf, et la robe rayée de rubans noirs et blancs, disposés alternativement avec tant de régularité et de symétrie, qu'il semble que la nature ait employé la règle et le compas pour la peindre.

Cette espèce semble être à présent confinée dans les terres méridionales de l'Afrique, et surtout dans celles de la pointe de cette presqu'île. Les zèbres vivent en *hardes* ou troupeaux sauvages, et paissent l'herbe dure et sèche qui croît sur la croupe solitaire des montagnes. Ils courent avec une grande légèreté; ils ont aussi beaucoup de force, et ils se défendent vivement par de vigoureuses ruades.

FIN.

sans scrupule ceux qui sont plus faible que toi ; croque des lapins, des poulets et de jolies poulettes ; rien n'est si délicat cela vaudra bien mieux que de brouter l'herbe stupidement, et de te laisser égorger ensuite comme un imbécile, pour engraisser ce grand vilain animal à deux pieds, qui parle toujours de religion, de justice, de bien public, d'humanité, et qui, en vérité, ne vaut guère mieux que les loups ! »

Ne répondant rien à un tel discours, le pauvre agnelet avait le cœur tout palpitant, et ne savait où se fourrer ; alors un ramier solitaire, perché sur un chêne voisin, prit la parole et dit : « Seigneur loup, vous nous débitez-là une étrange morale ! Quoi, parce que vous êtes un scélérat, et malheureusement le plus fort vous voulez que ce gentil agneau vous ressemble ! Apprenez à votre tour, barbare que vous êtes, qu'il est deux excès également condamnables : *la cruauté* et *l'extrême bonté.* Ce petit agneau est trop bon, j'en conviens, mais aussi vous êtes

www.ingramcontent.com/pod-product-compliance
Ingram Content Group UK Ltd.
Pitfield, Milton Keynes, MK11 3LW, UK
UKHW021624260726
13994UKWH00003B/1066

9 782329 414874